I0466577

Índice

1. Introducción. 1

1. Introducción.

En las últimas décadas se ha producido un notable incremento en la patología infecciosa de etiología fúngica en distintos grupos de pacientes, especialmente en inmunodeprimidos (incluyendo los que reciben trasplantes de progenitores hematopoyéticos o de órganos sólidos) y en enfermos críticos[1].

Aunque se han logrado importantes avances en la identificación de muchos de los hongos de importancia médica, aún existen dificultades para el adecuado reconocimiento de ciertos géneros y especies de este grupo de organismos. La identificación basada en la morfología presenta en ocasiones un importante grado de dificultad, sobre todo para distinguir especies cercanas, en las que las características fenotípicas son muy similares. Por otra parte, la fiabilidad de la identificación basada en características morfológicas depende de la experiencia del observador y tiene un componente subjetivo. Además, en los casos en que se puede llegar a la identificación de especie, los procedimientos microbiológicos tradicionales llegan a requerir (especialmente en el caso de los hongos filamentosos) días o semanas. Estas circunstancias plantean la necesidad de desarrollar métodos alternativos, que ofrezcan mayor rapidez en la obtención de resultados y un mayor rango de microorganismos identificables de forma fiable. Las técnicas moleculares son una de las opciones que mejor podrían cumplir estos requisitos.

El objetivo de este trabajo fue aplicar un método molecular, basado en la secuenciación de regiones que permiten una discriminación filogenética, para la identificación de hongos de interés clínico a nivel de especie.

Material y métodos

La región ribosomal ITS1-ITS2 (*Internal Transcriber Spacer*) fue amplificada por PCR y secuenciada, siguiendo los métodos descritos por White et al[2]. Para la extracción del material genético se utilizó el reactivo PrepMan®*Ultra Sample Preparation Reagent* (Applied Biosystems, Wilmington, Delaware, EE.UU.), siguiendo las instrucciones del fabricante, y la PCR se realizó con un ciclo inicial de 94° durante 5 minutos, seguido de 35 ciclos (94°C, 30 segundos; 56°C, 45 segundos y 72°C, 2 minutos) y una elongación final a 72°C durante 5 minutos. Las secuencias obtenidas de los amplicones fueron editadas (programas Sequencher, 4.1.4. Gene Code Corporation, Ann Arbor, EE.UU. y Vector NTI, Invitrogen Corporation, Carisbad, California, EE.UU.) y comparadas (programa BLAST) en la base de datos GenBank del Instituto Nacional de Salud de EE.UU. (www.ncbi.nml.nih.gov/GenBank). Este método se complementó, en casos particulares, con la secuenciación de los genes de la β-tubulina[3] y del factor de elongación 1α[4], así como de la región IGS *(Intergenic Spacer region)*[5].

La aplicación de las técnicas moleculares se adaptaron a los consensos publicados en este campo[6,7].

En una fase preliminar de validación de la técnica se estudiaron los siguientes hongos: *Candida parapsilosis* ATCC 22019, *Candida tropicalis* ATCC 14018, *Candida albicans (C. albicans)* ATCC 90028, *C. albicans* ATCC 14053, *C. albicans* 44203, *Candida krusei (C. krusei)* ATCC 625, *C. krusei* SEIMC M105, *Candida dubliniensis* SEIMC MO204, *Aspergillus fumigatus (A. fumigatus)* ATCC 204305, *Aspergillus flavus* ATCC 204304, *Issatchenkia orientalis* ATCC 24210, y *Saccharomyces cerevisiae* ATCC 18824. Estos 12 hongos fueron correctamente identificados a nivel de especie (datos no mostrados).

Posteriormente, entre septiembre de 2008 y agosto de 2009, se llevó a cabo la aplicación de la técnica, de forma prospectiva, en un doble estudio: 1) Por una parte, se analizaron 36 cepas de hongos procedentes de diversas muestras clínicas en las que el uso de métodos convencionales no había permitido la identificación a nivel de especie. Dicha identificación convencional se basó en cultivo en agar Sabouraud cloranfenicol y agar Sabouraud actidiona (Bio-Rad, Manres La Coquette, Francia), criterios morfológicos y microscópicos[8,9] y API ID 32C (BioMérieux, Marcy l'Étoile, Francia); 2) Por otro lado, se evaluaron 39 muestras clínicas obtenidas por procedimientos invasivos (10 lavados bronco-alveolares, 7 válvulas cardíacas, 5 cepillos bronco-alveolares, 8 biopsias articulares, 7 biopsias de pulmón y 2 biopsias cerebrales) procedentes de pacientes con sospecha de infección fúngica. El ADN se obtuvo directamente de las muestras clínicas y se compararon los resultados obtenidos por el método molecular y por técnicas convencionales.

En cada identificación se siguieron los siguientes pasos: extracción del DNA, amplificación del material genético por PCR, comprobación de la aparición de un amplicón mediante electroforesis en un gel de agarosa (utilizando controles negativo y positivo), purificación de productos PCR, nueva comprobación en gel de agarosa, secuenciación y análisis de la secuencia.

La presencia de inhibidores en las muestras clínicas se descartó por amplificación en dicha muestra del gen de la beta-globina. Las muestras en las que no amplificó este gen se descartaron para el estudio, lo que ocurrió en dos muestras de material contenido en una lesión nodular.

Resultados

Las técnicas de amplificación y secuenciación permitieron la identificación a nivel de especie de todos los hongos en los que no se había logrado este objetivo mediante la aplicación de las técnicas convencionales (tabla 1).

Tabla 1.

Hongos identificados por técnicas moleculares

Número	Identificación	IDGenBank	Bases	Max Identidad	Iniciadores
1A	*Aspergillus tamarii*	EF661474.1	623	100%	β-tub
1B	*Aspergillus tamarii*	AY017540.1	892	100%	ITS1-4
2	*Aspergillus terreus*	GU594776.1	829	100%	ITS1-4
3	*Aspergillus terreus*	GC461911.1	1162	99%	ITS1-4
4	*Aspergillus fumigatus*	GU266273.1	838	99%	ITS1-4
5	*Aspergillus fumigatus*	GQ169480.1	838	99%	ITS1-4
6	*Aspergillus thermomutatus*	EU310861.1	825	100%	ITS1-4
7	*Aspergillus flavus*	AY017536.1	920	99%	β -tub
8	*Aspergillus flavus*	GU594738.1	828	100%	ITS1-4
9	*Aspergillus*	HQ58913	930	99%	ITS1-4

Número	Identificación	IDGenBank	Bases	Max Identidad	Iniciadores
	niger	7.1			
10	Candida krusei	FM199965	603	99%	ITS1-4
11	Candida kefyr	HQ396523.1	533	97%	ITS1-4
12	Candida tropicalis	HQ412611.1	668	98%	ITS1-4
13	Candida dubliniensis	HQ259078.1	930	100%	ITS1-4
14	Candida guilliermondii	DQ663480.1	946	99%	ITS1-4
15	Candida parapsilosis	GU373656.1	767	99%	ITS1-4
16	Candida parapsilosis	FN652300.1	767	99%	ITS1-4
17	Saccharomyces cervisiae	FN393995.1	825	99%	ITS1-4
18	Trichosporo	HM80213	859	100%	IGS

Número	Identificación	IDGenBank	Bases	Max Identidad	Iniciadores
	n dermatis	0.1			
19	*Trichophyton violaceum*	FJ479792.1	830	99%	ITS1-4
20	*Trychophyton violaceum*	FJ479792.1	948	100%	ITS1-4
21	*Trichophyton tonsurans*	AY213630.1	939	100%	ITS1-4
22	*Trichophyton verrucosum*	AB491473.1	1054	97%	ITS1-4
23	*Scedosporium apiospermun*	AB567759.1	1000	99%	ITS1-4
24	*Scedosporium apiospermum*	AY213682.1	980	100%	ITS1-4
25	*Alternaria triticina*	GU59473.1	899	99%	ITS1-4
26	*Alternaria*	HQ34344	740	100%	ITS1-4

Número	Identificación	IDGenBank	Bases	Max Identidad	Iniciadores
	alternata	6.1			
27	Alternaria alternata	HQ115732.1	856	100%	ITS1-4
28	Fusarium oxysporum	GU205444.1	1019	99%	ITS1-4
29	Fusarium oxysporum	HM057335.1	1097	99%	ITS-1-4
30	Fusarium oxysporum	HQ248198.1	899	100%	ITS-1-4
31	Microsporum canis	GU291265.1	879	100%	ITS1-4
32	Microsporum canis	GU291265.1	1132	100%	ITS1-4
33	Penicillium commune	EU833215.1	796	99%	ITS1-4
34	Penicillium citronigrum	GQ999241.1	960	100%	ITS1-4
35	Sporotrichum pruinosum	EU543990.1	982	99%	ITS1-4

Número	Identificación	IDGenBank	Bases	Max Identidad	Iniciadores
36	*Acremonium strictum*	EU520092.1	917	99%	ITS1-4

En la mayoría de los casos los métodos convencionales llegaron a la identificación únicamente del género, bien porque la morfología no aportaba información adecuada o (en el caso de las levaduras) porque la galería API ID32C no ofrecía un porcentaje suficiente de identificación. Destacamos, entre ellos, cuatro casos particulares: en el primero, la galería API ID 32C identificó como *Cryptococcus laurenti* un *Trichosporon dermatis*; en el segundo caso, un hongo filamentoso identificado por criterios morfológicos como *Alternaria alternata* fue finalmente identificado con el método molecular como *Alternaria triticina*, y en otros dos casos (que correspondieron con el método molecular a *Fusarium oxysporum* y *Sporotrichum pruinosum*, respectivamente) no se llegó a ninguna identificación inicial con los métodos habituales. En la tabla 1 se ven también los números de ID del GenBank.

En lo referido al estudio con muestras clínicas, en 35 de las 39 muestras evaluadas se obtuvo un resultado negativo, tanto con las técnicas convencionales como con las técnicas moleculares. Respecto a las cuatro restantes, en una verruga cardíaca y en una válvula cardíaca del mismo paciente se identificó *Scedosporium apiospermum*, tanto por técnicas moleculares como por cultivo; el estudio histológico confirmó la existencia de infección valvular y de reacción granulomatosa. Asímismo, con el método molecular se identificó un *Aspergillus sidowii* en una biopsia pulmonar de una mujer de 58 años, diabética y EPOC severo, sometida a transplante bipulmonar, a tratamiento con micofenolato, tacrólimus y prednisona que presentó un cuadro de tos y disnea con infiltrado perihiliar derecho en la Rx de tórax y negatividad de cultivos para bacterias. En el cultivo se identificó previamente un *Aspergillus* spp.

Finalmente, el método molecular permitió la identificación de un *A. fumigatus* en un lavado bronco-alveolar de un enfermo cardiológico sometido a importante estrés quirúrgico. El paciente presentó un cuadro de tos productiva, derrame pleural y disnea. En este último caso el cultivo fue negativo.

Los métodos moleculares permitieron la identificación de los organismos, tanto a partir de los cultivos, como a partir de las muestras clínicas, en un tiempo que osciló entre 48 y 72 horas, en contraposición con los resultados obtenidos por cultivo, que se obtuvieron entre los 7 y los 21 días.

Discusión

Los resultados de este estudio indican el enorme potencial de la técnica molecular empleada para definir a nivel de especie una amplia variedad de hongos que se habían obtenido de muestras clínicas, y cuya identificación convencional no había sido posible con un grado razonable de fiabilidad. Es de esperar, que el método muestre también su utilidad para identificar otros hongos que plantean menos dificultades de estudio en el laboratorio clínico.

En este estudio sólo consideramos la aplicación clínica del método molecular para muestras invasivas, en las que la posibilidad de contaminación debe ser reducida, y por tanto, el valor clínico esperable es muy alto. A pesar del limitado número de muestras consideradas con ese criterio, en ningún caso en el que el método molecular fue negativo, dio positivo el cultivo. Esta alta sensibilidad de los métodos moleculares exige la necesidad de interpretar los resultados obtenidos en un contexto clínico, para evaluar si los microorganismos que puedan identificarse con esta metodología tienen valor etiológico o sólo representan una colonización o incluso una contaminación. En nuestro caso, con el método molecular se identificaron dos especies de *Aspergillus,* una de las cuales de otro modo hubiera pasado desapercibida y en las que los datos clínicos indican que representaban aislados de verdadero valor etiológico. La notable reducción en el tiempo requerido para llegar a la identificación con el método molecular (de incluso semanas) es otra clara ventaja del mismo con respecto a los métodos convencionales. Por otra parte, la rápida obtención de un resultado negativo ayudaría a reorientar el diagnóstico etiológico, al tiempo que puede hacer innecesario el uso de antifúngicos. Por último, una identificación definitiva a nivel de especie permitiría instaurar un tratamiento específico con mayor rapidez.

Es de esperar, que en un futuro cercano las técnicas de identificación molecular alcancen el consenso y la estandarización necesarios para convertirse en una herramienta aplicable en la mayoría de los laboratorios de microbiología clínica, tanto para el diagnóstico directo en muestras clínicas[10] como para el reconocimiento de hongos que no puedan identificarse a nivel de especie mediante técnicas convencionales.

En nuestra opinión, en los centros en los que se disponga del equipamiento necesario es razonable considerar la identificación molecular de los hongos de interés médico, aunque cada laboratorio debe definir su estrategia para esta actividad. El coste de reactivos para llevar a cabo la técnica parece más que justificable considerando el impacto que los resultados pueden tener, entre otros aspectos, en el tratamiento antifúngico. Para quienes tienen una formación adecuada en las técnicas de microbiología molecular, el método no plantea grandes dificultades para su aplicación. Es de esperar, que en un futuro cercano se despejen algunas de las incógnitas que aún quedan sobre la identificación molecular de hongos de importancia médica (algoritmos a utilizar, bases de datos más depuradas), lo que ayudará a la implantación de esta metodología en los laboratorios de microbiología clínica. Para aquellos centros con mayor limitación de personal o técnica, el recurso a laboratorios de referencia puede representar una opción adecuada para lograr, en todo caso, una identificación fúngica fiable y de calidad.

2. Principales hongos patógenos.

Entre los descubrimientos más importantes que han propiciado los análisis moleculares debemos señalar el reconocimiento de dos parásitos tradicionales, *Pneumocystis* y *Microsporidium,* como organismos fúngicos y la exclusión de *Pythium* y *Rhinosporidium* del reino *Fungi*, integrándose en los reinos *Chromalveolata* y *Protozoa*, respectivamente. Las especies de *Pneumocystis* han demostrado ser específicas de huésped, siendo *P. jiroveci* la especie que infecta a los humanos. Dentro del reino *Fungi*, los cambios taxonómicos derivados de los diversos estudios filogenéticos han afectado a un gran número de géneros y especies patógenos para el hombre. A su vez, el análisis de secuencias de numerosos aislados clínicos ha incrementado sustancialmente la diversidad de especies capaces de ocasionar micosis[1–3].

Aunque la definición de especie sigue siendo un tema todavía no resuelto en micología, el criterio basado en la utilización del concepto *phylogenetic species recognition* (PSR), consistente en la secuenciación de varios genes y un posterior análisis de sus resultados mediante métodos filogenéticos, ha demostrado ser de gran utilidad en la definición de nuevas especies y en la delimitación de las especies integrantes de algunos géneros complejos[4]. Estos estudios multigénicos han permitido demostrar que muchas especies, que tradicionalmente habían sido consideradas como simples morfoespecies, constituyen en realidad complejos de especies, en muchas ocasiones solo diferenciables molecularmente. Una consecuencia importante desde un punto de vista clínico radica en el hecho de que muchas de estas nuevas especies que forman parte de un agregado o complejo pueden diferir en su sensibilidad a los antifúngicos utilizados comúnmente en clínica. Ello implica que la correcta identificación de los nuevos patógenos suele ser especialmente importante para el diagnóstico de la infección y para el tratamiento adecuado del paciente. Por desgracia, muchos laboratorios de microbiología clínica no tienen la capacidad o el conocimiento suficiente para identificar muchas de estas nuevas especies filogenéticas, por lo que a menudo deben recurrir al concurso de centros de referencia o laboratorios especializados.

En la actualidad el reino *Fungi*, se divide en dos subreinos, *Dykaria*, el cual agrupa las divisiones *Ascomycota* y *Basidiomycota*, y el llamado «Hongos Basales» que agrupa al resto de los hongos. Ciñéndonos únicamente a los patógenos, dentro del segundo subreino se ubican aquellas especies que antes pertenecían a la división *Zygomycota* (zigomicetes) y que se ha demostrado constituye un grupo polifilético, por lo que dicha categoría ha sido eliminada en las nuevas clasificaciones.

Dentro de este subreino los hongos de interés clínico se agrupan en dos subdivisiones, *Mucoromycotina* con el orden *Mucorales* y *Entomophtoramycotina* con los géneros *Conidiobolus* y *Basidiobolus,* el primero en el orden *Entomophthorales* y el segundo sin una clara afinidad taxonómica *(incertae sedis).*

Mucorales

Dentro del orden *Mucorales* se encuentran algunos géneros de hongos patógenos importantes. Podemos destacar a *Rhizopus* con *Rhyzopus oryzae* y *Rhyzopus microsporus* entre las especies más frecuentemente aisladas de muestras clínicas. En este género se han producido pocos cambios taxonómicos, pero sí los han experimentado algunos de los géneros que le siguen en orden de importancia clínica como son *Lichtheimia* y *Mucor* (tabla 2). Hasta hace poco el primero de ellos se conocía como *Absidia,* luego pasó a denominarse *Mycocladus* y más recientemente las especies termotolerantes, entre ellas las patógenas humanas, se incluyeron en *Lichtheimia* como *Lichtheimia corymbifera*, *Lichtheimia ramosa* y *Lichtheimia ornata*, mientras que las especies mesófilas se mantienen en *Absidia*[7]. Dentro de *Mucor,* la especie *Mucor circinelloides* es la que presenta una mayor incidencia en clínica, aunque recientemente se han descrito otras especies como *Mucor velutinosus*[8]. Esta especie se ha aislada de muestras clínicas en EE. UU. y recientemente ha sido descrita como causante de una infección diseminada en un paciente hematológico[9]. Sin embargo, los cambios más importantes se han producido en dos géneros mucho menos frecuentes en clínica, pero capaces de ocasionar infecciones muy agresivas y devastadoras que con frecuencia acaban con la vida del paciente en pocos días. Se trata de los géneros *Apophysomyces* y *Saksenaea*, los cuales han demostrado ser, mediante estudios polifásicos, verdaderos complejos de especies (tabla 2). En el primero de ellos, la especie *Apophysomyces variabilis* es la que parecía haber ocasionado la mayoría de casos recientes[12], aunque *Apophysomyces trapeziformis* ha estado involucrada en 13 casos de infección debidos a heridas producidas por un tornado que este año afectó al estado de Missouri en EE. UU., falleciendo cinco de los pacientes[13]. En el caso de *Saksenaea* parece que las especies predominantes son las que integran el complejo *Saksenaea vasiformis*, aunque recientemente se ha demostrado que *Saksenaea erythrospora*, una de las especies recientemente descritas[11], provocó una infección fatal en un paciente herido por la explosión de una bomba en la guerra de Irak (datos no publicados).

Tabla 2.

Cambios taxonómicos recientes en especies de *Mucorales* aisladas de muestras clínicas

Nuevas especies	Otros nombres recientes

Nuevas especies	Otros nombres recientes
Lichtheimia corymbifera	Mycocladus corymbifer
Lichtheimia ramosa	Mycocladus ramosus
Lichtheimia ornata	Absidia ornata
Mucor irregularis	Rhizomucor variabilis var. irregularis
Mucor velutinosus	
Mucor elliposideus	
Apophysomyces variabilis	
Apophysomyces trapeziformis	
Apophysomyces ossiformis	
Complejo Saksenaea vasiformis	
Saksenaea erythrospora	
Saksenaea oblongispora	

Ascomycota

A la división *Ascomycota* pertenecen la mayoría de hongos patógenos, tanto los levaduriformes como los filamentosos. Entre los primeros es de destacar en los últimos años el incremento espectacular de las infecciones por *Candida (Saccharomycetales)*, especialmente las fungemias nosocomiales. Cabe destacar también un incremento significativo de infecciones por otras especies diferentes de *Candida albicans,* especialmente por *Candida glabrata,* seguida de *Candida parapsilosis, Candida tropicalis* y *Candida krusei,* entre otras. Además, se han publicado un considerable número de especies fenotípicamente similares a alguna de las especies conocidas de *Candida,* pero que son genéticamente distintas. Entre ellas cabe citar a *Candida dubliniensis,* una especie muy próxima a *C. albicans,* de distribución mundial, que se caracteriza por causar, entre otras, infecciones orales y orofaríngeas en pacientes de sida y presentar aislados resistentes al fluconazol. Otras especies recientes son *Candida metapsilosis* y *Candida orthopsilosis.* Dichas especies presentan mínimas diferencias en su respuesta a los antifúngicos y solo se pueden diferenciar de *C. parapsilosis* a través de métodos moleculares. Cabe destacar que *C. orthopsilosis* ha sido implicada en brotes nosocomiales. Recientemente, también se han descrito *Candida nivariensis* y *Candida bracarensis* como especies gemelas de *C. glabrata.* La primera fue descrita originariamente en nuestro país a partir de muestras clínicas y posteriormente aislada de diferentes tipos de infecciones en Indonesia, Japón e Inglaterra. Dicha especie es menos sensible a los azoles que *C. glabrata. Candida bracarensis* ha causado diferentes tipos de infecciones en Portugal, Inglaterra y EE. UU., siendo su sensibilidad a los antifúngicos muy parecida a la de *C. glabrata.*

En el caso de los hongos filamentosos se han producido también importantes novedades taxonómicas, algunas de ellas en géneros ya de por sí complejos. Entre ellos cabe citar el grupo de los dermatofitos y los géneros *Aspergillus, Scedosporium* y *Fusarium*.

Dermatofitos

Los dermatofitos pertenecen al pequeño grupo de microorganismos con los que casi todos los humanos se infectan en algún periodo de su vida. Los recientes estudios moleculares han demostrado que los cuatro géneros anamórficos tradicionales de la familia *Arthrodermataceae (Onygenales)*: *Trichophyton, Microsporum, Epidermophyton* y *Chrysosporium,* no son todos ellos monofiléticos. Por ejemplo, en los árboles filogenéticos de diferentes secuencias de ADN las especies de *Trichophyton* se acomodan dentro de los clados formados por especies de *Microsporum* y *Epidermophyton*. Además, algunas especies de *Chrysosporium* se agrupan con los *Trichophyton* geófilos, situados filogenéticamente distantes de la especie tipo de *Chrysosporium, Chrysosporium merdarium*. Aparte de permitir reconocer nuevas especies como *Trichophyton eboreum* y su teleomorfo *Arthroderma olidum*, uno de los aspectos más interesantes que las técnicas moleculares han aportado al estudio de los dermatofitos es el hecho de haber demostrado que algunos biotipos que en base a su morfología y al tipo de infección que producían eran considerados como verdaderas especies, no lo eran en realidad (tabla 3). Dentro del complejo *Trichophyton rubrum* se incluyen las dos especies antropofílicas, *T. rubrum* y *Trichophyton violaceum*, que no presentan fase sexual o teleomorfo y que parece que experimentan un tipo de reproducción clonal. La antigua especie *Trichophyton raubitschekii*, que según algunos autores presenta características epidemiológicas diferentes de *T. rubrum* y además es ureasa positiva, se considera en la actualidad sinónima de *T. rubrum*. Es de destacar también el hecho de que la especie cosmopolita *T. rubrum,* responsable de la mayoría de tiñas de las uñas y de los pies, y la especie *Trichophyton soudanense,* endémica de África y responsable especialmente de *Tinea capitis* en jóvenes, son la misma especie. Importantes cambios taxonómicos también se han producido en el complejo *Arthroderma vanbreuseghemii.* En la actualidad, tres anamorfos de distribución mundial se asocian con este complejo: *Trichophyton tonsurans, Trichophyton equinum* y *Trichophyton interdigitale*. Mientras que la primera especie es antropofílica y *T. equinum* es responsable de infecciones en equinos. *T. interdigitale* es la única especie de dermatofitos que presenta heterogeneidad desde un punto de vista ecológico ya que incluye tanto cepas antropofílicas como zoofílicas. Fenotípicamente las cepas zoofílicas de *T. interdigitale* son indistinguibles de las cepas de las antiguas variedades *Trichophyton*

mentagrophytes var. *granulosum* y *Trichophyton*
mentagrophytes var. *mentagrophytes*[19].

Tabla 3.

Especies de dermatofitos recientemente sinonimizadas

Especie aceptada	Sinónimos
Arthroderma fulva/Microsporum fulvum	*Keratinomyces longifusus, M. boulardii, M. ripariae*
Arthroderma grubyi/Microsporum gallinae	*M. vanbreuseghemii*
Arthroderma gypseum/Microsporum gypseum	*M. appendiculatum*
Arthroderma uncinata/Trichophyton ajelloi	Todas las variedades de *T. ajelloi, Epidermophyton stockdaleae*
Microsporum audouinii	*M. langeronii, M. rivalieri*
Microsporum canis	*M. distortum, M. equinum*
Trichophyton mentagrophytes	*T. mentagrophytes* var. *quinckeanum, T. langeronii, T. sarkisovii*
Trichophyton	Todas las variedades de *T. equinum*

Especie aceptada	Sinónimos
equinum	
Trichophyton erinacei	*T. mentagrophytes* var. *erinacei*
Trichophyton interdigitale	*T. mentagrophytes* var. *goetzii, interdigitale, mentagrophytes, nodulare, granulosum, T. kradjenii, T. verrucosum* var. *autotrophicum*
Trichophyton rubrum	*T. fischeri, T. kanei, T. raubitschekii, T. soudanense, T. gourvilii, T. megninii*
Trichophyton verrucosum	Todas las variedades de *T. verrucosum*
Trichophyton violaceum	Todas las variedades de *T. violaceum, T. yaoundei*

Aspergillus

El género *Aspergillus,* perteneciente al orden *Eurotiales* (clase *Eurotiomycetes*), incluye más de 250 especies, a 20 de las cuales se les atribuyen infecciones oportunistas en el hombre, aunque algunas de ellas solo ocasionalmente. Las especies de mayor interés clínico son *Aspergillus fumigatus, Aspergillus terreus, Aspergillus flavus, Aspergillus niger* y *Aspergillus ustus.* Dentro de la sección *Fumigati*, a la que pertenece la especie más importante del género, *A. fumigatus,* se han producido importantes cambios, tales como la reciente publicación de *Neosartorya fumigata* como estado sexual de *A. fumigatus.* Sin embargo, cabe destacar que se trata de una especie heterotálica y que una sola cepa no es capaz de desarrollar en cultivo los cuerpos fructíferos correspondientes al teleomorfo, debiendo ser enfrentadas dos cepas compatibles durante largo tiempo para que los formen. Por el contrario, existen otras especies patógenas del mismo género que usualmente desarrollan su estado sexual en cultivo a partir de un solo aislado, tales como *Neosartorya hiratsukae, Neosartorya pseudofischerii* y *Neosartorya udagawae.* Esta última ha sido considerada como una especie emergente en los últimos años, produciendo infecciones invasivas con características diferenciales de las producidas por *A. fumigatus. Aspergillus lentulus* es otra especie reciente de la misma sección, también morfológicamente parecida a *A. fumigatus,* de la que se puede distinguir básicamente por su lenta esporulación en cultivo y por presentar un patrón de resistencia a los antifúngicos diferente, siendo *A. lentulus* más resistente in vitro a la anfotericina B. *A. terreus* (sección *Terrei*) es otro complejo de especies de creciente interés clínico y que presenta también una sensibilidad disminuida a la anfotericina B. Estudios de secuenciación multilocus han demostrado que la nueva especie *Aspergillus alabamensis* dentro del complejo puede colonizar sujetos inmunocompetentes y presenta una sensibilidad disminuida a la anfotericina B. Dentro de la sección *Usti*, *A. ustus* ha sido tradicionalmente considerada como un patógeno humano aunque poco frecuente. Sin embargo, recientemente se han investigado algunos aislados clínicos pertenecientes a dicha especie demostrando, mediante análisis de secuencias de ADN, que en realidad pertenecían a una nueva especie, que presenta una sensibilidad reducida a los triazoles, a la que se denominó *Aspergillus calidoustus*. Además de las citadas, un buen número de especies de *Aspergillus*, tales como *Aspergillus tamarii, Aspergillus nomius, Aspergillus pseudonomius, Aspergillus granulosus, Aspergillus deflectus* y *Emericella quadrilineata*, entre otras, han causado infecciones humanas en los últimos años.

Recientemente, se han publicado algunas recomendaciones para la identificación molecular de cepas clínicas de *Aspergillus* a nivel de especie. Una primera identificación fenotípica del aislado se considera como un criterio importante para continuar con la secuenciación de la región ITS y de los genes de la β-tubulina o calmodulina.

Fusarium

Fusarium es un género anamórfico perteneciente a los ascomicetos del orden *Hypocreales* (clase *Sordariomycetes*) que agrupa a un gran número de especies. La mayoría de ellas son saprobias o parásitas de plantas, aunque también existen especies capaces de infectar humanos y animales, habiendo aumentado significativamente el número de fusariosis en pacientes inmunocomprometidos. Hasta hace poco, y debido a su importancia en agricultura, la taxonomía del género se basaba principalmente en criterios morfológicos[31] y en el tipo de planta huésped. Muchas especies presentaban diferentes *formae specialis* las cuales no siempre se correspondían con grupos naturales. Recientemente, diversos autores han utilizado criterios moleculares en la taxonomía de *Fusarium,* basados en la secuenciación de diversos genes, lo que les ha permitido demostrar que las clásicas especies patógenas del género, como son *F. verticillioides (F. moniliforme), F.oxysporum* y *F. solani,* constituyen en realidad complejos de especies. Así se han podido diferenciar unas 70 especies involucradas en infecciones humanas, la mayoría de las cuales sin nombre específico ya que al no poder ser reconocibles fenotípicamente se ha preferido no asignarles binomios específicos (tabla 4). Considerando la dificultad de identificar morfológicamente muchas de las cepas de especies filogenéticas implicadas en casos clínicos, con el objeto de permitir reconocer dichas cepas y poder realizar estudios epidemiológicos, O'Donnell et al. han establecido una nomenclatura particular de secuencias tipos o haplotipos obtenidas mediante la secuenciación de los genes *EF-1α, RPB1* y *RPB2*. Utilizando este procedimiento, la identificación de los aislados clínicos se puede llevar a cabo comparando las secuencias obtenidas con las depositadas en la base de datos *Fusarium-ID* disponible en http://isolate.fusariumdb.org. La identificación de los aislados clínicos a nivel de especie o de haplotipos sin duda tiene un gran interés científico y epidemiológico, pero desde un punto de vista práctico con respecto al tratamiento del enfermo su interés disminuye ya que se ha demostrado que en general la mayoría de especies filogenéticas suelen ser resistentes a los antifúngicos utilizados en clínica.

Tabla 4.

Complejos de especies de *Fusarium* que agrupan especies filogenéticas de interés clínico

Complejo de especies	Especies filogenéticas
Fusarium chlamydosporum	3
Fusarium dimerum	5
Fusarium incarnatum/equiseti	20
Fusarium oxysporum	20
Fusarium sambucinum	3
Fusarium solani	21
Fusarium tricinctum	4
Gibberella fujikuroi	11

Scedosporium/Pseudallescheria

Las especies que integran este grupo de hongos pertenecen al orden *Microascales* y últimamente han emergido principalmente como causantes de infecciones diseminadas en pacientes neutropénicos. Hasta hace pocos años se conocían únicamente dos especies de *Scedosporium, Scedosporium prolificans* y *Scedosporium apiospermum*. Sin embargo, estudios polifásicos recientes han demostrado que la segunda especie constituye en realidad un complejo de especies. Las especies que integran el complejo son *Scedosporium boydii* (teleomorfo *Pseudallescheria boydii*), *S. apiospermum* (teleomorfo *Pseudallescheria apiosperma*), *Pseudallescheria ellipsoidea, Pseudallescheria angusta, Pseudallescheria fusoidea, Pseudallescheria minutispora, Scedosporium dehoogii* y *Scedosporium aurantiacum*. Se ha demostrado también que algunas de estas especies presentan importantes diferencias en su respuesta a los antifúngicos, siendo *S. aurantiacum* la especie con menor sensibilidad a los mismos. Esta última especie es la que se identifica fenotípicamente con más facilidad al producir colonias con un reverso anaranjado cuando crecen en agar patata dextrosa. La diferenciación de las otras especies es más difícil, debiendo recurrir, especialmente los no expertos, a técnicas de secuenciación de ADN.

S. prolificans es otro importante patógeno que ha emergido también en los últimos años. Aunque relacionado con el grupo anterior, está filogenéticamente distanciado y genéticamente más próximo al género teleomórfico *Petriella*. Dicha especie es más virulenta que las anteriormente citadas, ocasionando infecciones diseminadas con una elevada mortalidad y prácticamente resistentes a todos los antifúngicos disponibles. Los primeros casos de infección diseminada por *S. prolificans* en Europa fueron reportados precisamente en nuestro país.

Sporothrix

Sporothrix schenckii es un hongo dimórfico perteneciente al orden *Ophiostomatales*, que durante muchos años ha sido considerada como la única especie responsable de esporotricosis, infección subaguda o crónica que afecta a la dermis y al tejido celular subcutáneo y con una distribución mundial. Dicha especie ha sido extensamente estudiada y recientemente se ha demostrado que representa un complejo de especies, siendo las más comunes *S. schenckii sensu stricto, Sporothrix globosa* y *Sporothrix brasiliensis*, aunque otras especies tales como *Sporothrix mexicana* y *Sporothrix luriei* han sido también descritas. Aunque hacen falta más estudios, los datos disponibles parecen indicar que las nuevas especies del género presentan diferentes distribuciones geográficas; por ejemplo, *S. brasiliensis* se ha localizado casi exclusivamente en Brasil, mientras que *S. globosa* presenta una distribución cosmopolita y es de destacar que la mayoría de cepas aisladas de la India pertenecen a esta última especie (datos no publicados). Solo la correcta identificación de estas nuevas especies, mediante secuenciación o por técnicas fisiológicas, nos permitirá dilucidar si las diferentes manifestaciones clínicas de esporotricosis son producidas por especies diferentes. Hasta la fecha se ha demostrado que las diferentes especies que integran el complejo presentan diferente sensibilidad a los antifúngicos.

Otros hongos filamentosos

En los últimos años se han publicado numerosos casos clínicos causados por una gran diversidad de especies fúngicas diferentes de las tradicionales. Especies consideradas exclusivamente saprobias o meros contaminantes de laboratorio han demostrado también ser capaces de infectar al hombre. Entre ellas cabe citar *Acremonium* spp., *Phialemonium* spp., *Phaeoacremonium* spp. y algunas levaduras negras.

Algunas especies del género *Acremonium* son capaces de ocasionar una amplia variedad de infecciones en el hombre, habiéndose descrito diferentes casos en nuestro país. Por la morfología de los hongos así como por su comportamiento en clínica recuerdan a *Fusarium*, aunque la taxonomía de *Acremonium* es más confusa. Es un género muy complejo, claramente polifilético que agrupa a especies que pertenecen a diferentes familias e incluso órdenes. En un estudio reciente en el que se han identificado molecularmente numerosos aislados de origen clínico procedentes de EE. UU., se ha demostrado la existencia de numerosas posibles nuevas especies. En dicho estudio, sorprendentemente, de las 11 especies tradicionalmente consideradas como patógenas potenciales, tales como *Acremonium recifei, Acremonium strictum* o *Acremonium potronii* entre otras, solo fueron identificadas *Acremonium kiliense* y *Acremonium atrogriseum*, que conjuntamente con las cepas del complejo *Acremonium sclerotigenum-Acremonium egyptiacum* y *Acremonium implicatum* fueron las predominante. Recientemente Summerbell et al. en una extensa revisión del género, utilizando básicamente criterios moleculares, transfirieron las especies oportunistas *A. strictum* y *A. kiliense* al género *Sarocladium*.

Phialemonium es un género de hongos poco diferenciados morfológicamente que puede confundirse con *Acremonium* o con *Fusarium* cuando las especies de este último no producen macroconidios. *Phialemonium* presenta aparentemente una menor incidencia clínica que los otros dos géneros, habiéndosele relacionado con infecciones invasivas graves. Recientemente, se ha demostrado que las dos especies de *Phialemonium* aceptadas, *Phialemonium curvatum* y *Phialemonium obovatum*, no deben ubicarse en el mismo género y que algunas especies crípticas, no descritas hasta la fecha, están también involucradas en clínica.

Phaeoacremonium, perteneciente a los *Diaporthales*, causa feohifomicosis en el hombre, caracterizadas generalmente por abscesos subcutáneos, quistes, osteoartritis, etc., tanto en pacientes inmunodeprimidos como inmunocompetentes, y suelen ser precedidas de una inoculación traumática, aunque también han sido descritas ocasionalmente como causantes de infecciones diseminadas en individuos inmunodeprimidos. El género contiene actualmente nueve especies que han causado infecciones en el hombre.

Algunos hongos patógenos que presentan una pigmentación oscura y producen colonias similares a las de las levaduras son las denominadas levaduras negras, la mayoría pertenecen al orden *Chaetothyriales* (clase *Eurotiomycetes*). Clínicamente les caracteriza un neurotropismo muy marcado, siendo las encefalitis una de las manifestaciones más graves. Dentro de este grupo cabe destacar a *Rhinocladiella mackenziei,* especie marcadamente neurotrópica endémica del Oriente Medio[3]. Otras especies de interés clínico pertenecen a los géneros *Exophiala, Cladophialophora* y *Fonsecaea.* La diferenciación fenotípica de las especies de dichos géneros es difícil, pero el análisis de las secuencias de la región ITS ha demostrado ser muy útil para su identificación. Estudios moleculares han demostrado que *Exophiala jeanselmei*, especie tradicionalmente causante de infecciones subcutáneas, contiene dos especies crípticas, *Exophiala oligosperma* y *Exophiala xenobiotica*, los cuales son agentes comunes de infecciones cutáneas. A partir de cepas de *Cladophialophora* aisladas de muestras clínicas se han podido identificar cuatro nuevas especies en dicho género, *Cladophialophora saturnica* y *Cladophialophora inmunda* que causan infecciones cutáneas, *Cladophialophora mycetomatis* relacionada con infección subcutánea y *Cladophialophora samoënsis*, un agente endémico de cromoblastomicosis.

Las especies de *Fonsecaea* han sido consideradas tradicionalmente como típicos agentes causantes de cromoblastomicosis. Recientemente utilizando técnicas de AFLP y la secuenciación de varios genes se ha demostrado que *Fonsecaea compacta* es sinónima de *Fonsecaea pedrosoi* y se han propuesto dos nuevas especies, *Fonsecaea monophora* y *Fonsecaea nubica*, las cuales a diferencia de *F. pedrosoi,* que produce infecciones en América Central y del Sur, tienen una distribución mundial.

Basidiomycota

Dentro de los basidiomicetos figuran importantes grupos de hongos de interés clínico, especialmente los hongos unicelulares o levaduras, entre los que destacan *Cryptococcus*, *Malassezia* y *Trichosporon*.

Cryptococcus

Dentro del complejo de especies *Cryptococcus neoformans-Cryptococcus gattii* perteneciente al orden *Tremellales* de la clase *Tremellomycetes,* se incluyen dos especies anamórficas, *C. neoformans* y *C. gattii*. Ambas especies difieren en su epidemiología y en los nichos ecológicos que ocupan. *C. neoformans* no suele producir infecciones graves en individuos inmunocompetentes, sin embargo, en pacientes inmunodeprimidos puede causar infecciones sistémicas con un marcado neurotropismo. Estudios moleculares han revelado la existencia en *C. neoformans* de dos grupos genotípicos que son considerados como variedades, var. *grubii* (serotipo A) y var. *neoformans* (serotipo D), así como la existencia de híbridos diploides o aneuploides dentro del complejo. Los híbridos del serotipo AD han mostrado una elevada incidencia en nuestro país[14]. Las dos variedades son especialmente frecuentes en Europa, sin embargo, la primera de ellas tiene una distribución mundial y es responsable de la mayoría de criptococosis en pacientes con sida. La especie *C. gattii* comprende 4 linajes filogenéticos que según algunos autores podrían representar verdaderas especies. Dicha especie infecta principalmente a pacientes inmunocompetentes especialmente en áreas tropicales o subtropicales, aunque ha sido también aislada en Europa en zonas de clima temperado o Mediterráneo.

Malassezia

Las especies de *Malassezia* (orden *Malasseziales*, clase *Ustilaginomycetes*) forman parte de la microbiota de la piel normal, especialmente de aquellas áreas ricas en grasa, pero también pueden provocar infecciones dérmicas más o menos importantes y también se han descrito ocasionalmente brotes nosocomiales en neonatos que reciben alimentación lipídica por vía intravenosa. Antes del 1996 solo existían tres especies en el género, *Malassezia sympodialis*, *Malassezia pachydermatis* y *Malassezia furfur*. En 1996 Guého et al. llevaron a cabo un estudio fenotípico y molecular proponiendo 4 nuevas especies: *Malassezia globosa*, *Malassezia obtusa*, *Malassezia restricta* y *Malassezia slooffiae*. *M. globosa*, la más común de ellas, está generalmente involucrada en casos de pitiriasis versicolor, mientras que la citada especie y *M. restricta* predominan en la dermatitis seborreica.

Posteriormente, han sido publicadas otras siete especies (tabla 5) aisladas en diferentes tipos de animales, aunque no se ha demostrado que todas ellas sean capaces de producir infección. Todas las especies de *Malassezia* son lípido dependientes, con la única excepción de *M. pachydermatis,* siendo necesaria la presencia de ácidos grasos de cadena larga y técnicas especiales para su aislamiento, conservación e identificación.

Tabla 5.

Especies de *Malassezia*

M. furfur

M. pachydermatis

M. sympodialis

M. globosa

M. obtusa

M. restricta

M. slooffiae

M. dermatis

M. japonica

M. nana

M. yamatoensis

M. caprae

M. equina

M. cuniculi

Recientemente se han publicado los genomas y proteomas de secreción de *M. globosa* y *M. restricta* revelando la presencia de múltiples lipasas y la ausencia de un gen para la síntesis de ácidos grasos, lo que explica su dependencia lipídica.

Trichosporon

Las especies de *Trichosporon* (orden *Trichosporonales*, clase *Tremellomycetes*) son levaduras caracterizadas por la formación de artroconidios, conidiación meristemática y apresorios. Algunas de las especies de este género son las típicas causantes de la «piedra blanca», aunque pueden producir también infecciones más graves con una elevada mortalidad, especialmente en pacientes hematológicos. Durante muchos años la única especie del género aceptada fue *Trichosporon beigelii.* Guého et al. llevaron a cabo una revisión del género en base al estudio de la ultraestructura de los poros septales, contenido de guanina-citosina, perfiles nutricionales y análisis de las secuencias parciales del gen *28S rRNA.* En base a ello, la especie *T. beigelii* fue sustituida por seis especies *Trichosporon asahii, Trichosporon cutaneum, Trichosporon asteroides, Trichosporon mucoides Trichosporon inkin* y *Trichosporon ovoides* que causan infecciones en diferentes localizaciones anatómicas. La primera de ellas es la más importante desde un punto de vista clínico y la causante de la mayoría de infecciones invasoras graves, seguida de *T. mucoides* o *T. asteroides,* dependiendo de los autores, *T. ovoides* suele estar asociada a la piedra blanca del cuero cabelludo y *T. inkin* a la del vello púbico. Se considera que unas 14 especies de las casi 40 aceptadas en el género son potenciales patógenas humanas (tabla 6).

Tabla 6.

Especies de *Trichosporon* de interés clínico

T. cutaneum

T. asahii

T. asteroides

T. mucoides

T. inkin

T. jirovecii

T. dermatis

T. domesticum

T. montevideense

T. japonicum

T. coremiiforme

T. faecale

T. loubieri

T. mycotoxinovorans

Pero también dentro de los basidiomicetos figuran varios hongos filamentosos, que no por menos conocidos son menos relevantes desde un punto de vista clínico. La dificultad en el diagnóstico de las infecciones causadas por dichos hongos radica en que muchos de ellos no esporulan en cultivo y suelen ser considerados como contaminantes. Entre los más conocidos, precisamente porque pueden ser identificados morfológicamente, figuran *Schyzophyllum commune*, *Bjerkandera adusta* y varias especies de *Hormographiella*. *Hormographiella aspergillata* ha sido considerada como una especie emergente en pacientes leucémicos. Cabe también indicar que recientes estudios moleculares que han secuenciado las regiones ITS y D1/D2 de numerosos aislados clínicos, morfológica-y fisiológicamente identificados como pertenecientes a los basidiomicetes, han demostrado que muchas otras especies pueden estar implicadas también infecciones humanas.

Bibliografía.

1. T.Y. James, F. Kauff, C.L. Schoch, P.B. Matheny, V. Hofstetter, C.J. Cox, et al.

Reconstructing the early evolution of Fungi using a six-gene phylogeny.

Nature, 443 (2006), pp. 818-822

http://dx.doi.org/10.1038/nature05110 | Medline

2. D.S. Hibbett, M. Binder, J.F. Bischoff, M. Blackwell, P.F. Cannon, O.E. Eriksson, et al.

A higher-level phylogenetic classification of the Fungi.

Mycol Res, 111 (2007), pp. 509-547

http://dx.doi.org/10.1016/j.mycres.2007.03.004 | Medline

3. 10th ed., pp. 2314

4. J.W. Taylor, D.J. Jacobson, S. Kroken, T. Kasuga, D.M. Geiser, D.S. Hibbett, et al.

Phylogenetic species recognition and species concepts in fungi.

Fungal Genet Biol, 44 (2000), pp. 547-552

5. M.M. Roden, T.E. Zaoutis, W.L. Buchanan, T.A. Knudsen, T.A. Sarkisova, R.L. Schaufele, et al.

Epidemiology and outcome of zygomycosis: a review of 929 reported cases.

Clin Infect Dis, 41 (2005), pp. 634-653

http://dx.doi.org/10.1086/432579 | Medline

6. E. Álvarez, D.A. Sutton, J. Cano, A.W. Fothergill, A. Stchigel, M.G. Rinaldi, et al.

Spectrum of zygomycete species identified in clinically significant specimens in the United States.

J Clin Microbiol, 47 (2009), pp. 1650-1656

http://dx.doi.org/10.1128/JCM.00036-09 | Medline

7. A. Alastruey-Izquierdo, K. Hoffmann, G.S. De Hoog, J.L. Rodriguez-Tudela, K. Voigt, E. Bibashi, et al.

Species recognition and clinical relevance of the zygomycetous genus Lichtheimia (syn. Absidia pro parte, Mycocladus).

J Clin Microbiol, 48 (2010), pp. 2154-2170

http://dx.doi.org/10.1128/JCM.01744-09 | Medline

8. E. Álvarez, J. Cano, A.M. Stchigel, D.A. Sutton, A.W. Fothergill, V. Salas, et al.

Two new species of Mucor from clinical samples.

Med Mycol, 49 (2011), pp. 62-72

http://dx.doi.org/10.3109/13693786.2010.499521 | Medline

9. J.A. Sugui, J.A. Christensen, J.E. Bennett, A.M. Zelazny, K.J. Kwon-Chung.

Hematogenously disseminated skin disease caused by Mucor velutinosus in a patient with acute myeloid leukemia.

J Clin Microbiol, 49 (2011), pp. 2728-2732

http://dx.doi.org/10.1128/JCM.00387-11 | Medline

10. E. Álvarez, A.M. Stchigel, J. Cano, D.A. Sutton, A.W. Fothergill, J. Chander, et al.

Molecular phylogenetic diversity of the emerging mucoralean fungus Apophysomyces: proposal of three new species.

Rev Iberoam Micol, 27 (2010), pp. 80-89

http://dx.doi.org/10.1016/j.riam.2010.01.006 | Medline

11. E. Álvarez, D. Garcia-Hermoso, D.A. Sutton, J.F. Cano, A.M. Stchigel, D. Hoinard, et al.

Molecular phylogeny and proposal of two new species of the emerging pathogenic fungus Saksenaea.

J Clin Microbiol, 48 (2010), pp. 4410-4416

http://dx.doi.org/10.1128/JCM.01646-10 | Medline

12. J. Guarro, J. Chander, E. Álvarez, A.M. Stchigel, K. Robin, U. Dalal, et al.

Apophysomyces variabilis infections in humans.

Emerg Infect Dis, 17 (2011), pp. 134-135

http://dx.doi.org/10.3201/eid1701.101139 | Medline

13. CDC.

Fatal fungal soft-tissue infections after a tornado–Joplin, Missouri, 2011.

NMWR, 60 (2011), pp. 922

14. T. Bohekout, C. Gueidan, S. De Hoog, R. Samson, J. Varga, G. Walther.

Fungal taxonomy: New developments in medically important fungi.

Curr Fungal Infect Rep, 3 (2009), pp. 170-178

15. A. Tavanti, A.D. Davidson, N.A. Gow, M.C. Maiden, F.C. Odds.

Candida orthopsilosis and Candida metapsilosis spp. nov. to replace Candida parapsilosis groups II and III.

J Clin Microbiol, 43 (2005), pp. 284-292

http://dx.doi.org/10.1128/JCM.43.1.284-292.2005 | Medline

16. S.R. Lockhart, S.A. Messer, M.A. Pfaller, D.J. Diekema.

Geographic distribution and antifungal susceptibility of the newly described species Candida orthopsilosis and Candida metapsilosis in comparison to the closely related species Candida parapsilosis.

J Clin Microbiol, 46 (2008), pp. 2659-2664

http://dx.doi.org/10.1128/JCM.00803-08 | Medline

17. A. Correia, P. Sampaio, S. James, C. Pais.

Candida bracarensis sp. nov., a novel anamorphic yeast species phenotipically similar to Candida glabrata.

Int J Syst Evol Microbiol, 56 (2006), pp. 313-317

18. J. Alcoba-Flórez, S. Méndez-Álvarez, J. Cano, J. Guarro, E. Pérez-Roth, M.P. Arévalo.

Phenotypic and molecular characterization of Candida nivariensis sp. nov., a possible new opportunistic fungus.

J Clin Microbiol, 43 (2005), pp. 4107-4111

http://dx.doi.org/10.1128/JCM.43.8.4107-4111.2005 | Medline

19. Y. Gräser, J. Scott, R. Summerbell.

The new species concept in dermatophytes. A polyphasic approach.

Mycopathologia, 166 (2008), pp. 239-256

http://dx.doi.org/10.1007/s11046-008-9099-y | Medline

20. J. Brasch, Y. Gräser.

Trichophyton eboreum sp. nov. isolated from human skin.

J Clin Microbiol, 43 (2005), pp. 5230-5237

http://dx.doi.org/10.1128/JCM.43.10.5230-5237.2005 | Medline

21. C.K. Campbell, A.M. Borman, C.J. Linton, P.D. Bridge, E.M. Johnson.

Artrhoderma olidum sp. nov. A new addition to Trichophyton terrestre complex.

Med Mycol, 44 (2006), pp. 451-459

http://dx.doi.org/10.1080/13693780600796538 | Medline

22. C.M. O'Gorman, H.T. Fuller, P.S. Dyer.

Discovery of a sexual cycle in the opportunistic fungal pathogen Aspergillus fumigatus.

Nature, 457 (2009), pp. 471-474

http://dx.doi.org/10.1038/nature07528 | Medline

23. J.A. Sugui, D.C. Vinh, G. Nardone, Y.R. Shea, Y.C. Chang, A.M. Zelazny, et al.

Neosartorya udagawae (Aspergillus udagawae), an emerging agent of aspergillosis: how different is it from Aspergillus fumigatus?.

J Clin Microbiol, 48 (2010), pp. 220-228

http://dx.doi.org/10.1128/JCM.01556-09 | Medline

24. S.A. Balajee, D. Nickle, J. Varga, K.A. Marr.

Molecular studies reveal frequent misidentification of Aspergillus fumigatus by morphotyping.

Eukaryot Cell, 5 (2006), pp. 1705-1712

http://dx.doi.org/10.1128/EC.00162-06 | Medline

25. L. Alcazar-Fuoli, E. Mellado, A. Alastruey-Izquierdo, M. Cuenca-Estrella, J.L. Rodriguez-Tudela.

Aspergillus section Fumigati: antifungal susceptibility patterns and sequence-based identification.

Antimicrob Agents Chemother, 52 (2008), pp. 1244-1251

http://dx.doi.org/10.1128/AAC.00942-07 | Medline

26. S.A. Balajee, J.W. Baddley, S.W. Peterson, D. Nickle, J. Varga, A. Boey, et al.

Aspergillus alabamensis, a new clinically relevant species in the section Terrei.

Eukaryot Cell, 8 (2009), pp. 713-722

http://dx.doi.org/10.1128/EC.00272-08 | Medline

27. J. Varga, J. Houbraken, H.A. Van Der Lee, P.E. Verweij, R.A. Samson.

Aspergillus calidoustus sp. nov., causative agent of human infections previously assigned to Aspergillus ustus.

Eukaryot Cell, 7 (2008), pp. 630-638

http://dx.doi.org/10.1128/EC.00425-07 | Medline

28. G.S. De Hoog, J. Guarro, J. Gene, M.J. Figueras.

Atlas of Clinical Fungi.

3.a ed., Cetraaalbureau voor Schimmelcultures, (2009),

29. S.A. Balajee, A.M. Borman, M.E. Brandt, J. Cano, M. Cuenca-Estrella, E. Dannaoui, et al.

Sequence-based identification of Aspergillus, Fusarium, and Mucorales species in the clinical mycology laboratory: where are we and where should we go from here?.

J Clin Microbiol, 47 (2009), pp. 877-884

http://dx.doi.org/10.1128/JCM.01685-08 | Medline

30. M. Nucci, E. Anaissie.

Fusarium infections in immunocompromised patients.

Clin Microbiol Rev, 20 (2007), pp. 695-704

http://dx.doi.org/10.1128/CMR.00014-07 | Medline

31. J. Guarro, J. Gené.

Fusarium infections. Criteria for the identification of the responsible species.

Mycoses, 35 (1992), pp. 109-114

Medline

32. K. O'Donnell, D.A. Sutton, M.G. Rinaldi, C. Gueidan, P.W. Crous, D.M. Geiser.

Novel multilocus sequence typing scheme reveals high genetic diversity of human pathogenic members of the Fusarium incarnatum-F. equiseti and F. chlamydosporum species complexes within the United States.

J Clin Microbiol, 47 (2009), pp. 3851-3861

33. K. O'Donnell, D.A. Sutton, M.G. Rinaldi, B.A.J. Sarver, S.A. Balajee, H-J. Scroers, et al.

Internet-accessible DNA sequence database for identifying fusaria from human and animal infections.

J Clin Microbiol, 48 (2010), pp. 3708-3718

http://dx.doi.org/10.1128/JCM.00989-10 | Medline

34. M. Azor, J. Cano, J. Gené, J. Guarro.

High genetic diversity and poor in vitro response to antifungals of clinical strains of Fusarium oxysporum.

J Antimicrob Chemother, 63 (2009), pp. 1152-1155

35. M. Azor, J. Gené, J. Cano, D.A. Sutton, A.W. Fothergill, M.G. Rinaldi, et al.

In vitro antifungal susceptibility and molecular characterization of clinical isolates of Fusarium verticillioides (F. moniliforme) and Fusarium thapsinum.

Antimicrob Agents Chemother, 52 (2008), pp. 2228-2231

36. M. Azor, J. Gené, J. Cano, J. Guarro.

Universal in vitro antifungal resistance of genetic clades of the Fusarium solani species complex.

Antimicrob Agents Chemother, 51 (2007), pp. 1500-1503

http://dx.doi.org/10.1128/AAC.01618-06 | Medline

37. J. Guarro, A.S. Kantarcioglu, R. Horré, J.L. Rodriguez-Tudela, M. Cuenca Estrella, J. Berenguer, et al.

Scedosporium apiospermum: changing clinical spectrum of a therapy-refractory opportunist.

Med Mycol, 44 (2006), pp. 295-327

http://dx.doi.org/10.1080/13693780600752507 | Medline

38. F. Gilgado, J. Cano, J. Gené, D.A. Sutton, J. Guarro.

Molecular and phenotypic data supporting distinct species statuses for Scedosporium apiospermum and Pseudallescheria boydii and the proposed new species Scedosporium dehoogii.

J Clin Microbiol, 46 (2008), pp. 766-771

http://dx.doi.org/10.1128/JCM.01122-07 | Medline

39. F. Gilgado, C. Serena, J. Cano, J. Gené, J. Guarro.

Antifungal susceptibilities of the species of the Pseudallescheria boydii complex.

Antimicrob Agents Chemother, 50 (2006), pp. 4211-4213

http://dx.doi.org/10.1128/AAC.00981-06 | Medline

40. J.L. Rodriguez-Tudela, J. Berenguer, J. Guarro, A.S. Kantarcioglu, R. Horre, G.S. De Hoog, et al.

Epidemiology and outcome of Scedosporium prolificans infection, a review of 162 cases.

Med Mycol, 47 (2009), pp. 359-370

http://dx.doi.org/10.1080/13693780802524506 | Medline

41. J. Marin, M.A. Sanz, G.F. Sanz, J. Guarro, M.L. Martínez, M. Prieto, et al.

Disseminated Scedosporium inflatum infection in a patient with acute myeloblastic leukemia.

Eur J Clin Microbiol Infect Dis, 10 (1991), pp. 759-761

Medline

42. J. Guarro, G.S. de Hoog.

Bipolaris, Exophiala, Scedosporium, Sporothrix, and other melanizaed fungi.

Manual of Clinical Microbiology, 10.a ed., pp. 1943-1961

43. R. Marimon, J. Cano, J. Gené, D.A. Sutton, M. Kawasaki, J. Guarro.

Sporothrix brasiliensis, S. globosa, and S. mexicana, three new Sporothrix species of clinical interest.

J Clin Microbiol, 45 (2007), pp. 3198-3206

http://dx.doi.org/10.1128/JCM.00808-07 | Medline

44. H. Madrid, J. Cano, J. Gené, A. Bonifaz, C. Toriello, J. Guarro.

Sporothrix globosa, a pathogenic fungus with widespread geographical distribution.

Rev Iberoam Micol, 26 (2009), pp. 218-222

http://dx.doi.org/10.1016/j.riam.2009.02.005 | Medline

45. R. Marimon, C. Serena, J. Gené, J. Cano, J. Guarro.

In vitro antifungal susceptibilies of five species of Sporothrix.

Antimicrob Agents Chemother, 52 (2008), pp. 732-734

http://dx.doi.org/10.1128/AAC.01012-07 | Medline